美しい地球、自然ゆたかな環境をまもるためにできることは、私たちにもたくさんあります。ふだんの生活のなかで、地球にやさしいくらしかたをどれくらいしているのか、この「エコ活動チェックリスト」で確認してみましょう。

- 風呂の残り湯は洗たくや水やりに利用する。
- チラシのうらをメモ用紙に使う。
- シャンプーや洗剤などは、つめかえのできる商品を利用する。
- でかけるときには、なるべく車を利用しないで、自転車の利用や徒歩を心がける。
- フライパンなどの油汚れは、いらない布や紙でふいてから洗う。
- ごはんやおかずは残さず食べる。
- 地域でとれた旬の食材を食べる。
- わりばしは使わずに、マイはし（自分のはし）を使う。
- 空き缶やペットボトル、牛乳パック、古紙などの資源は、分別して回収にだす。
- フリーマーケットやリサイクルショップを利用する。
- 海や山などでの自然体験学習に参加する。
- 学校や地域でおこなわれている清掃活動に参加する。

そのほかにも、さまざまなエコ活動があるよ。友だちや家族といっしょにはじめてみよう！

考えよう！地球環境 身近なことからエコ活動 1

ストップ！地球温暖化
私たちにできること

監修　財団法人 環境情報普及センター
文　　松井京子・竹内聖子

はじめに

　今日の環境問題は、市民一人ひとりのライフスタイルに密接にかかわる問題です。環境教育・環境学習をつうじて、ライフスタイルを見直し、解決のための具体的行動をうながすことにより、「持続可能な社会」をつくっていくことがもとめられています。

　平成18年12月に改定された教育基本法において、教育の目標のひとつに「生命を尊び、自然を大切にし、環境の保全に寄与する態度を養うこと」が規定されました。

　また、平成19年6月に政府が示した「21世紀環境立国戦略」においては、「持続可能な社会」の構築の必要性が提示され、その実現にむけた重点戦略のひとつに「環境を感じ、考え、行動する人づくり」が掲げられています。これは環境問題の解決にあたり、法や政策による方向づけ、環境技術の開発・普及とともに、環境保全の人づくりがきわめて重要であることを意味しています。

　このシリーズでは、環境問題の典型例として、「地球温暖化」「ごみ問題」「森林破壊」「大気汚染」「水質汚濁」の5つのテーマを取りあげ、その現状や問題発生の原因を紹介したうえで、私たちの生活への影響や対策にむけたエコ活動の実践例として「学校ではじめるエコ活動」「家庭ではじめるエコ活動」のふたつのテーマについて紹介しました。

　ここで取りあげる以外にも多くの環境問題が存在し、さまざまな対策がすすめられていますが、私たち自身の取りくめることを考え、行動していくきっかけとして、このシリーズが少しでもお役にたつことができれば幸いです。

財団法人 環境情報普及センター

もくじ

なにが地球におきているの？ ……………………………… 4

1章 熱くなる地球

地球温暖化って、なんだろう？ …………………………… 6
なぜ、地球は温暖化するの？ ……………………………… 8
なぜ、地球の温暖化がすすむの？ ………………………… 10
温暖化によって、なにがおこっているの？ …………… 12
二酸化炭素の排出量って、どれくらい？ ……………… 16
熱中症から身をまもろう！ ………………………………… 18

2章 地球温暖化をふせぐために

温暖化をふせぐための世界の取り組み ………………… 20
地球にやさしいエネルギー
　　太陽光・太陽熱 ……………………………………… 24
　　地　熱 ………………………………………………… 26
　　バイオマス …………………………………………… 27
　　風　力 ………………………………………………… 28
　　雪・氷、振動 ………………………………………… 29
原子力発電を知ろう！ ……………………………………… 30
環境をまもる活動 …………………………………………… 32
温暖化防止につながる低炭素社会 ……………………… 36

さくいん ……………………………………………………… 38

文中 🌱 のついていることばは、ページの下で説明しています。

なにが地球におきているの？

地球の温暖化によってとけだす南極の氷。

ぼくたちにも、なにかできることはあるかな？

地球が熱くなっている

ここ数十年で、世界じゅうの大気や海水の平均温度が急上昇しています。世界の各地で、強大化した台風やハリケーン、熱波、洪水、水不足などによる被害がではじめています。また、海水が膨張し、氷河や氷山がとけだすと、海面が上昇していきます。低い土地にくらす人びとや生きものが、生活の場をなくしてしまうおそれもあります。

熱帯の森林がへり、動植物が絶滅へ

いま、中南米や東南アジア、アフリカなどの熱帯の森林は面積がへりつづけています。木材や紙の生産のための樹木の伐採、森林から牧場や畑への転換のための土地開発などがおもな原因とされていますが、森林がなくなることで多くの動植物が絶滅しているのです。

農園の開発のために伐採された森林（マレーシアのサラワク州）。

©FoE Japan

地球上には、500万種とも3000万種ともいわれるほど多くの生物が生きています。この宇宙のなかでは、地球とおなじように、ゆたかな生命が息づいている星は発見されていません。ところが、この生命の星に、いま、たいへんな変化がおきているのです。

オゾン層が破壊されている

地上から10〜50km付近の上空にあるオゾン層は、太陽の光にふくまれる有害な紫外線をふせいで、陸上の生物をまもってくれています。しかし、このオゾン層が破壊され、小さくなっていることがわかったのです。すぐに対策はとられましたが、オゾン層はまだ破壊されつづけています。

地球でおきている環境問題は、人間の活動が原因なんだよ。もう、ほうっておくわけにはいかないね！

酸性雨がふってくる

大気が汚染されたことで、世界各地に酸性雨がふるようになりました。酸性雨にあたると、森林の木がかれたり、湖や沼などにすむ生きものたちが死んでしまったりします。人体への影響もあり、目やのど、鼻などをいためます。

海が汚染されている

人間がつくりだした化学物質や油が、海の水を汚しています。海水にとけこんだ汚染物質は、海流にのってどんどんひろがり、海にすむ生きものたちの体を汚染し、それを食べている人間の健康にも悪影響をおよぼすおそれがあります。

酸性雨による森の被害（チェコ）。撮影：戸塚績

1章 熱くなる地球

地球温暖化って、なんだろう？

「地球温暖化」ということばをよく耳にしますが、それはどんなことなのでしょうか。すでに、私たちのまわりでも、温暖化による被害がではじめているようです。地球にいま、なにがおきているのか、調べてみましょう。

地球の温度は何度なの？

「地球温暖化」とは、地球の大気があたたかくなり、気温が上昇する現象です。

温暖化について話すとき、「地球の温度」とか「地球の気温」などという場合がありますが、地球の温度とは、何度くらいなのでしょうか。

地球には、1年じゅうそれほど気温のかわらない地域もあれば、日本のように、1年周期で気温が大きく変化する地域もあります。そうした、世界じゅうのさまざまな地域ではかった気温をもとにして算出した世界平均気温（世界平均地上気温）によると、地球の温度は15℃くらいになるそうです。

地球は熱くなっているの？

世界の平均気温は、1906～2005年までの100年間に、0.74℃上昇していることがわかっています。1℃にも満たないわずかな変化ですが、これはたいへんな数字なのです。このわずかな変化のために、北極・南極の氷の減少や、海面の上昇、各地での異常気象など、すでにさまざまな影響がではじめているからです。

今後、さらに心配なのは、近年になるほど、平均気温の上昇する速度がはやくなっていることです。このままだと、将来、たいへんないきおいで温暖化がすすみ、地球環境が大きく変化するかもしれないと心配されています。

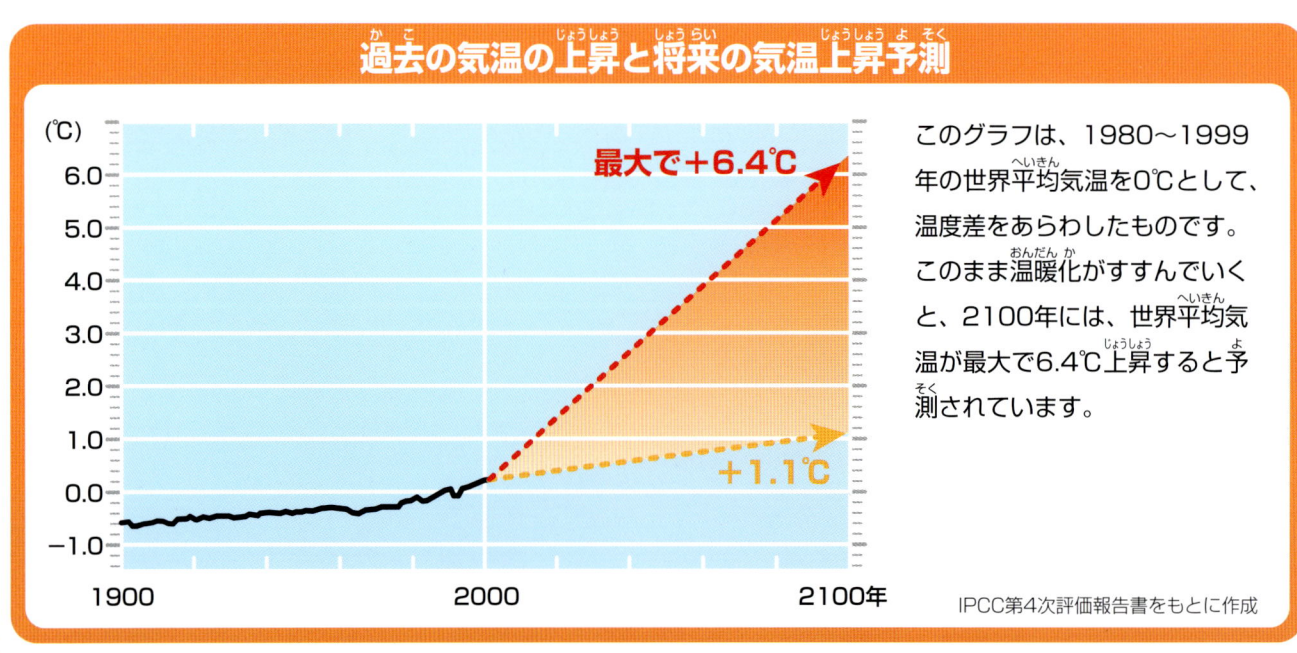

過去の気温の上昇と将来の気温上昇予測

このグラフは、1980～1999年の世界平均気温を0℃として、温度差をあらわしたものです。このまま温暖化がすすんでいくと、2100年には、世界平均気温が最大で6.4℃上昇すると予測されています。

IPCC第4次評価報告書をもとに作成

世界の気温が上昇している

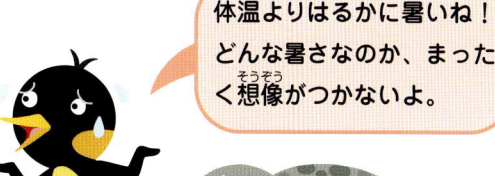

日本の最高気温が74年ぶりに更新

2007年8月16日、岐阜県多治見市と埼玉県熊谷市の2か所で、40.9℃の気温を観測し、日本の最高気温が更新されました。それまでの最高気温は、山形県山形市の40.8℃。なんと74年ぶりの更新でした。

体温よりはるかに暑いね！どんな暑さなのか、まったく想像がつかないよ。

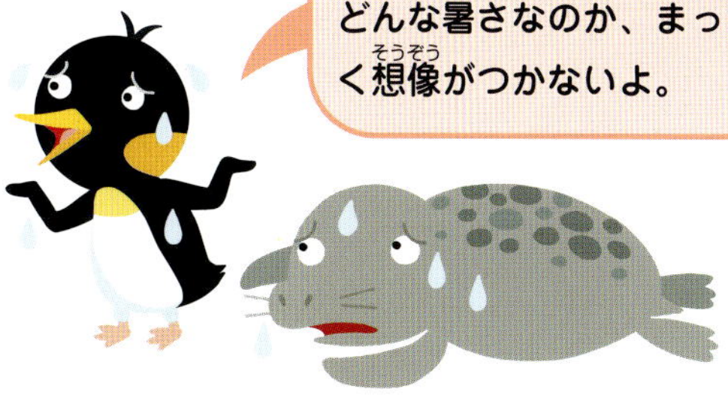

ヨーロッパをおそった熱波

2003年の夏に、フランスを中心とするヨーロッパを記録的な熱波がおそい、約2万人の死者が報告されました。また、2007年の夏にも、ヨーロッパの南東部で300人の死者が報告されています。これも温暖化の影響だといわれています。

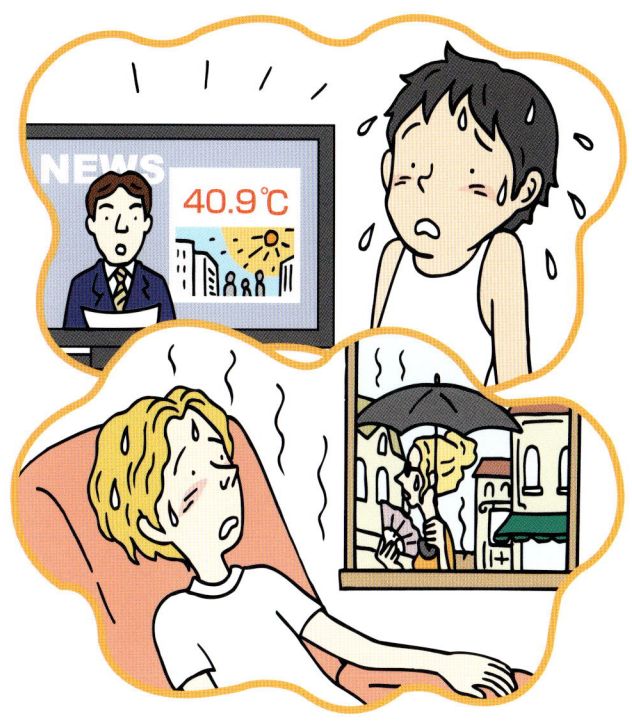

これまでに記録されている世界の最高気温は、1921年7月に、イラクのバスラで記録された58.8℃なんだって！

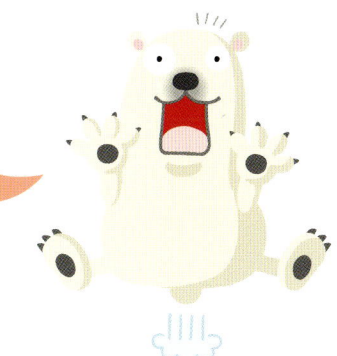

夏日、真夏日、猛暑日

気象庁では、以前から、1日の最高気温が25℃以上になった日を「夏日」、30℃以上になった日を「真夏日」とよんでいました。

ところが、近年、各地で最高気温の更新がつづくほど、夏の気温が高くなってきたので、2007年4月から、あらたに35℃以上の日を「猛暑日」とよぶことに決めました。

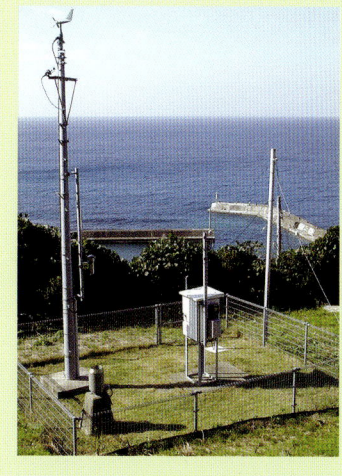

気温、降水量、風速などを観測するアメダス。全国に約1300か所ある。

1章 熱くなる地球

なぜ、地球は温暖化するの？

地球温暖化の原因をさぐるには、まず、地球がどんな星なのかを知る必要があります。地球の大気には適度な温室効果のしくみがあり、そのバランスによって、地球の温度がたもたれ、ゆたかな生命がはぐくまれているのです。

地球の気温がたもたれている理由

地球は、太陽の光であたためられ、同時に、地表からその熱を宇宙空間へ放出しています。そして、地球をとりまく大気中にふくまれる二酸化炭素やメタンなどは、地表からだされた熱の一部を吸収し、ふたたび地表に放出しているのです。

これを「温室効果」といい、二酸化炭素やメタンなどを「温室効果ガス」といいます。そのおかげで、地球の平均気温は15℃くらいにたもたれ、生物のすみやすい適度な環境がととのえられているのです。

もし、温室効果ガスがなかったり、効果が強すぎたりしたら、地球上の生物は生きていくのがむずかしくなってしまいます。

なぜ、温室効果が高まっているの？

地球温暖化の最大の理由は、温室効果ガスのひとつである二酸化炭素が増加していることです。

産業革命以来、人間の活動がさかんになり、石油や石炭などの化石燃料を使って電気をおこしたり、燃料にしたりして、二酸化炭素を大量に発生させてきました。二酸化炭素は植物などに吸収されるものですが、あまりにも大量に発生させたために吸収しきれず、むかしよりも温室効果が高まり、大気があたたかくなっているのです。

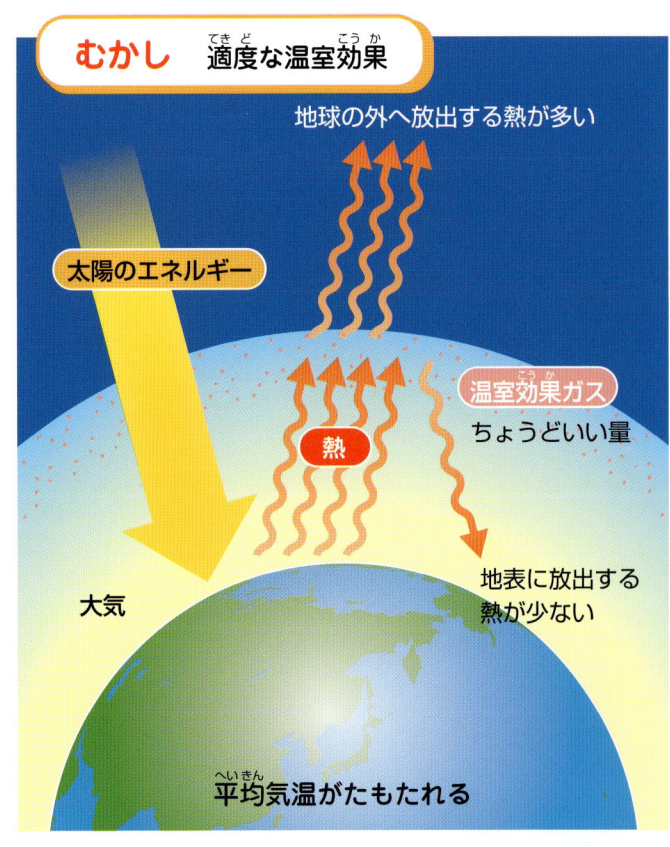

むかし　適度な温室効果
地球の外へ放出する熱が多い
太陽のエネルギー
温室効果ガス
ちょうどいい量
熱
大気
地表に放出する熱が少ない
平均気温がたもたれる

地球が温暖化しているのは、ふえつづける二酸化炭素などがもたらす温室効果のせいだったんだね！

二酸化炭素……化学式ではCO_2。ものを燃やしたりするときに発生する気体。人間が呼吸ではきだすのも二酸化炭素。

温室効果ガスには、どんなものがあるの？

温室効果ガスは、二酸化炭素やメタンだけではありません。とくに温暖化の原因となっている温室効果ガスを影響度の高いものから順にあげると、二酸化炭素、メタン、一酸化二窒素などとなります。これらの温室効果ガスは、2005年に発効された京都議定書によって、日本や世界各国では排出が規制されています。

京都議定書で排出を規制している温室効果ガス

温室効果ガス	性質	排出源
CO_2 二酸化炭素	温室効果ガスのなかでも、もっとも影響度が高い。	化石燃料の燃焼など。
CH_4 メタン	天然ガスのおもな成分。よく燃える。	家畜の腸内発酵、腐敗物の埋め立てなど。
N_2O 一酸化二窒素	窒素酸化物のなかまのうち、もっとも安定した物質。	燃料の燃焼、工業の製造過程など。
HFC ハイドロフルオロカーボン類	オゾン層を破壊しないが、強力な温室効果がある。	化学物質の製造過程など。
PFC パーフルオロカーボン類	オゾン層を破壊しないが、強力な温室効果がある。	半導体の製造過程など。
SF_6 六フッ化硫黄	オゾン層を破壊しないが、強力な温室効果がある。	電気の絶縁体など。

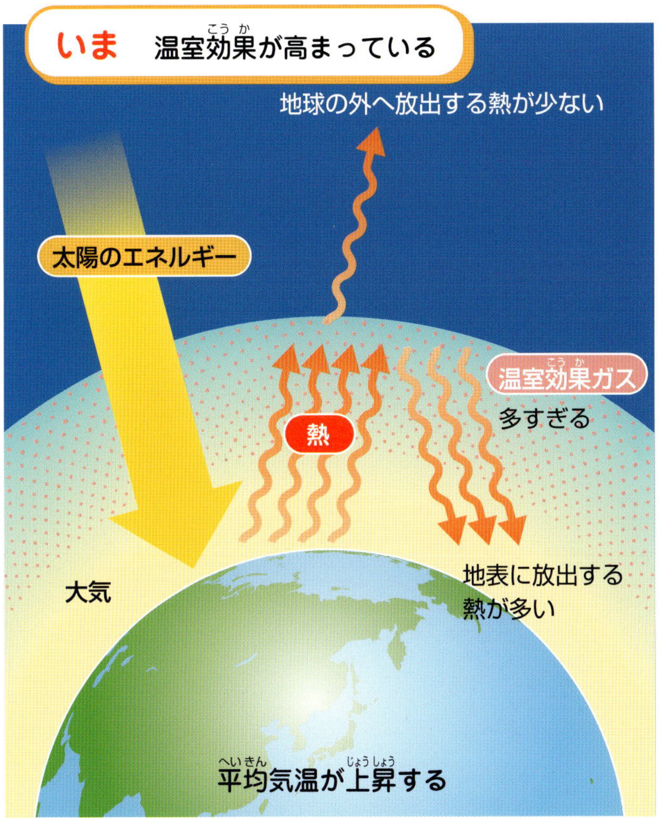

いま　温室効果が高まっている

- 太陽のエネルギー
- 大気
- 地球の外へ放出する熱が少ない
- 温室効果ガス 多すぎる
- 熱
- 地表に放出する熱が多い
- 平均気温が上昇する

ヒートアイランド現象

都市部の気温が、周辺の地域の気温より高くなる現象を「ヒートアイランド現象」といいます。人びとの生活や健康面に影響をあたえかねないことから、近年、問題視され、各都市で対策がねられています。現象が発生する原因として、エアコンなどの空調システムからでる熱や、ビルや舗装された道路などの人工物がふえたことなどが考えられています。

> 日本の平均気温が、過去100年で1.0℃上昇しているのにくらべ、東京では3.0℃も上昇しているよ。これもヒートアイランド現象の影響といわれているんだ！

化石燃料……石油、石炭、天然ガスなど、地中に埋蔵されているエネルギー資源。地中に蓄積された動植物の死がいが変化してできたもの。

1章 熱くなる地球

なぜ、地球の温暖化がすすむの？

　地球の温暖化は、地球上にすむ生物にとって、たいへんな事態をひきおこそうとしています。その原因は人間の活動にあることが、はっきりとわかってきました。では、人間の活動のなにがいけないのでしょうか。

信じられないほどの人口の急増

　いまから2000年ほど前、世界の人口は約3億人でした。それから1900年以上もかけて、人口は20億人に達しました。その後、人口の増加は急激に加速し、1974年には40億人、1999年には60億人を突破しました。2050年には、91億人になるだろうといわれています。

　人口の増加は、医療技術などの発展のおかげです。ところが、人間の数だけが突出して増加してしまったため、自然環境に悪影響をおよぼし、さまざまな環境問題をひきおこしているのです。

エネルギーの大量使用

　人の生活はむかしとくらべると、想像もできないほど、便利でゆたかなものになりました。でも、それは大量の製品を生産し、大量のエネルギーを使うことによって、もたらされているものです。

　私たちは、電気製品にかこまれ、たくさんの電気を使っています。電気は、火力発電によって多くつくられていますが、そのもとになる石油や石炭は、燃やすと二酸化炭素を大量に発生させます。エネルギーの大量使用は、温暖化がすすむ大きな要因となっているのです。

衛星からみた夜の地球のすがた（地図上にあらわしたもの）

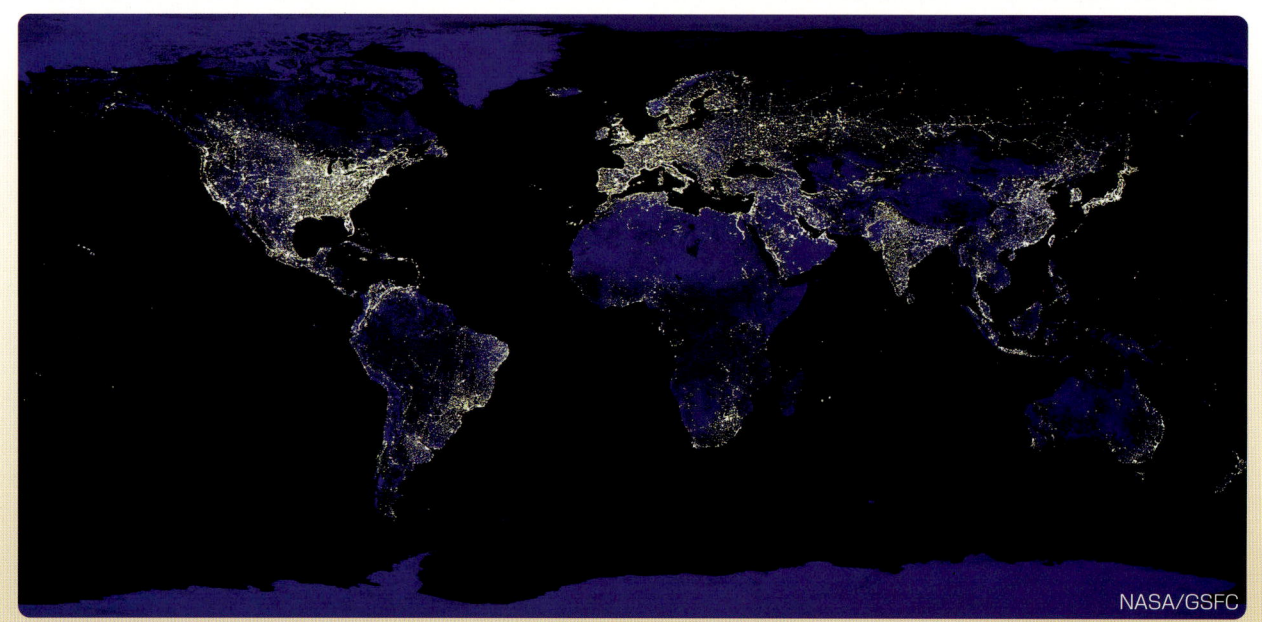

NASA/GSFC

大都市圏では、夜でも電気を大量に使っているため、かがやいてみえる。

エネルギー……ここでいうエネルギーとは、産業、運輸、消費生活などに使われる動力の源のことをいう。

大量消費が環境に悪影響

いま、私たちの身のまわりには、ものがあふれかえっています。物質的なゆたかさは、便利な生活をささえてくれていますが、むだなごみもどんどんふえ、環境に悪影響をおよぼしています。

ものを大量につくっては大量にすてるという悪循環が、いつのまにかあたりまえのようになっていて、長いあいだ、エネルギーを大量に使いつづけているのです。一人ひとりが、生活のしかたをかえようとしないかぎり、この悪循環を打ちこわすことはできないかもしれません。

ごみは毎日、大量に廃棄されつづけている。

大量に廃棄され、積みあげられた自動車の山。

環境問題のもうひとつの壁

世界を経済的な視点でみたとき、お金持ちの「先進国」と、まずしい「発展途上国」にわけることができます。この両者の関係が、環境問題の解決に大きな障害となっているのです。

たとえば、日本などの先進国は、発展途上国の森林をきりたおしてできた木材を、大量に購入しています。いっぽうで、発展途上国の人たちは、森林の木をきりつづけ、それを売ってお金を得ようとします。こうして、ゆたかな自然環境が破壊されているのです。

緑ゆたかな森林がきりはらわれて、工場がたてられる。

二酸化炭素の排出・吸収

世界の人びとがさまざまな経済活動をおこなうと、大量の二酸化炭素（CO_2）が排出されます。植物は、たくさんの二酸化炭素を吸収してくれていますが、いまや、人の活動による二酸化炭素の排出量は、自然が吸収できる量のおよそ2倍にもなっています。

自然の吸収量　1：2　人の活動による排出量

「STOP THE 温暖化2008」（環境省）より

1章 熱くなる地球

温暖化によって、なにがおこっているの？

地球の温度がわずかに上がっても、人の体では実感しにくいものです。しかし、その影響は少しずつですが、確実に私たちの身のまわりにもせまっています。世界や日本で、どのような影響がでているのかみていきましょう。

世界では、こんな影響があらわれている

すでに世界では、北極や南極の氷の減少や、各地でおこっている異常気象など、温暖化の影響はさまざまなところであらわれています。

海面の上昇

海面上昇とは、海水があたためられてふくらんだり、氷河がとけたりして、海水面があがることをいいます。海面が上昇すると、しずむ島があらわれ、沿岸部では、高潮や浸水などによる被害がふえると予測されています。

南太平洋の島、ツバル。海面の上昇がすすむと、海岸が浸食されて、人が住めない島になってしまうかもしれない。

台風の強大化

台風やサイクロン、ハリケーンなどの熱帯低気圧は、温暖化による影響で強大化すると考えられています。2005年8月末、アメリカ南部のニューオーリンズをおそったハリケーンのカトリーナは、多くの人の命と家や財産をうばいました。

上空からみたハリケーン・カトリーナのうず。

森林火災

大規模な森林火災の増加も、温暖化による気象の変化が影響しているといわれています。2007年10月末、アメリカのカリフォルニア州南部でおきた森林火災は、わずか1週間で2000km²（東京都の面積とほぼおなじ）の森林を焼きはらい、たくさんの住居を焼失させました。

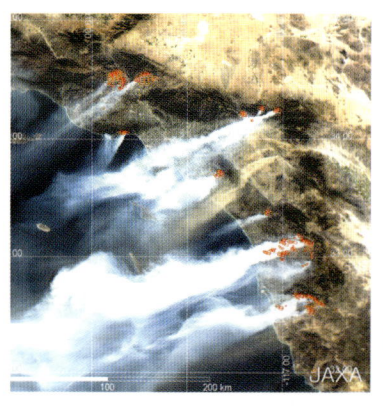
衛星写真がとらえたカリフォルニア州南部でおきた大規模な森林火災。

異常高温

ヨーロッパの広い範囲で異常高温が観測されています。熱波による暑さで熱中症にかかり、人が死亡することもあります。また、気温が高すぎて作物がじゅうぶんにそだたず、農作物の生産量がへる被害もみられます。

水不足

もともと雨量が少ない地域では、さらに雨がふらなくなり、土地が乾燥して砂漠化がすすむおそれがあります。

2006年にオーストラリア南部をおそった干ばつでは、農作物に大きな被害がでました。

永久凍土や氷河の消滅

ヒマラヤ山脈やグリーンランド、北極などでは、永久凍土（1年じゅうとけない氷）や氷河が消滅しつつあります。また、氷がとけてしまうことにより、生態系への影響や水不足、干ばつなども心配されています。

氷がとけると、すむ場所がへってしまうから、ぼくたちホッキョクグマは、絶滅の危機にあるんだ！

グリーンランドの氷河もとけはじめている。

北極海の氷の分布

白い部分が氷におおわれているところ。2005年とくらべて、2007年では日本の国土約2.8個ぶんの面積の氷がなくなり、北極海の氷は観測史上で最小の面積となった。

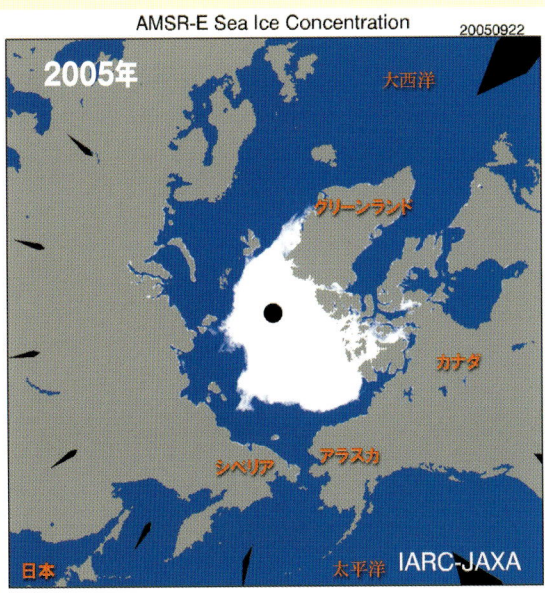

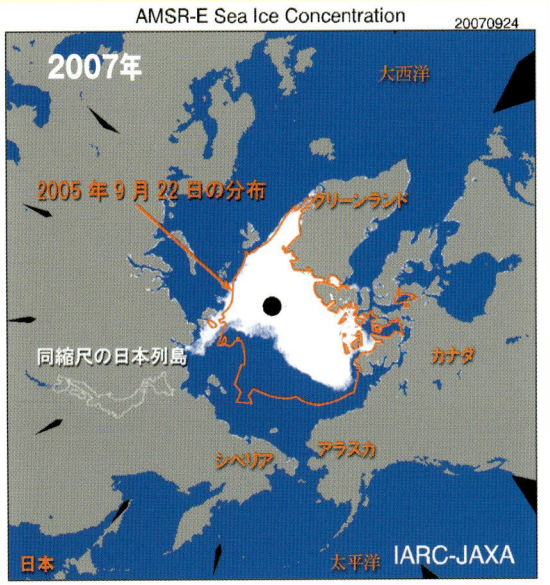

1章 熱くなる地球

日本では、こんな影響があらわれている

温暖化は遠い国の話ではありません。日本では、どのような影響がみられるのでしょうか。

サンゴの白化現象

「白化」とは、サンゴが白く脱色したようになる現象です。1998年には、太平洋やインド洋、地中海などで大規模な白化現象がおこり、たくさんのサンゴ礁がうしなわれました。

これはエルニーニョ現象によって海水の温度が上昇したためとも、海の環境が悪化したためだとも考えられています。

日本でも、沖縄県の石垣島周辺などで白化現象がおこっています。

富士山頂の永久凍土の縮小

富士山の山頂にある永久凍土が、温暖化により縮小していることが、近年の調査でわかってきています。氷がとけることによって、土砂くずれなどの心配もでてきています。

雪がなくなり、表面の土がむきだしになった富士山の噴火口。かわいてみえるが、土のなかには永久凍土がよこたわっている。

沖縄県新城島付近のサンゴ。白化する前（上）と白化したあと（下）のようす。白化がつづくと、サンゴは死んでしまう。

豪雨水害の多発

短い時間に局地的な大雨がふる集中豪雨がふえています。

2008年8月末、東海、関東、中国、東北地方などを記録的な豪雨がおそいました。とくに、愛知県岡崎市では、1時間の雨量が146.5ミリにもなる大雨がふり、数多くの世帯に避難勧告がだされました。水害で亡くなる人もでるなど、重大な被害をもたらしました。

今後も、こうした集中豪雨がふえると予測されるため、しっかりした防災対策などがもとめられています。

 エルニーニョ現象……太平洋の赤道付近で海水の温度が上昇する現象。反対に、海水の温度が下がる現象を「ラニーニャ現象」という。

温暖化がすすむと、日本はどうなるの？

さらに温暖化がすすむと、自然環境や私たちの生活は、どのようにかわっていくのでしょうか。

水

利用できる水の量に影響があらわれます。水不足となる地域があらわれるいっぽうで、洪水にみまわれる地域もでてきます。また、極端に雨の少ない年があったり、多い年があったりと、年ごとの降水量に大きな差がでる可能性があります。

生態系

すずしかった場所が暑くなったり、暑かった場所がすずしくなったりと、急激に環境が変化するため、そこに生息する動植物たちは変化についていけず、多くが絶滅するおそれがあります。

食料

地域によっては、気温の変化によって農作物の生産性が高くなる場合もありますが、地球全体でみると、生産性は低くなり、食料不足になると予測されています。

健康

熱帯の病気をひろめる蚊などの生息域がひろがるため、熱帯性の感染症被害がふえる可能性があります。また、熱中症にかかる人もふえるといわれています。

沿岸地域

海面が上昇することで、高潮や浸水の被害がふえたり、洪水の危険にさらされる土地がひろがり、家や住む場所をうばわれる人がふえると予測されています。

さらに温暖化がすすんだ場合の日本への影響予測

- 異常気象によって、生命が危険にさらされ、家や財産をうしなう。
- 高山植物が少なくなる。
- リンゴの栽培に適した土地が、現在よりも北上する。
- サケやニシンの生息域が変化する。
- サクラの開花時期がずれたり、降雪が少なくなったりするなど、季節を感じる機会がへる。
- ブナの生息に適した土地がへる。
- 淡水にすむ生きものの種類が変化し、生息域もかわる。
- 雪どけによる土砂災害がふえる。
- 熱中症患者がふえる。
- 米の品質がさがり、収穫量もへる。
- 高波により浸水する危険のある地域がふえる。
- 海面が上昇し、砂浜がへる。
- 台風の強さがます。
- 熱帯の病気をひろめる蚊がふえる。
- サンゴの病気や白化現象などがふえる。

生息域……生物が生息するおもな区域。

1章 熱くなる地球

二酸化炭素の排出量って、どれくらい？

　地球の温暖化がすすむ大きな原因とされる二酸化炭素は、どれくらいの量が排出されているのでしょうか。私たちの毎日のくらしのなかから排出される二酸化炭素と、世界各国の二酸化炭素の排出量をみてみましょう。

家庭から排出される二酸化炭素

　毎日の生活に欠かせない電気やガスですが、これらのエネルギーをつくりだすときには、どうしても二酸化炭素が排出されてしまいます。

　また、水道の水を使ったり、ごみをすてたりするときなど、直接は関係がなさそうな場合でも、じつは、間接的に二酸化炭素が排出されているのです。

　私たちのふだんの生活のどの場面で、どれくらいの量の二酸化炭素が排出されているのかをみてみましょう。

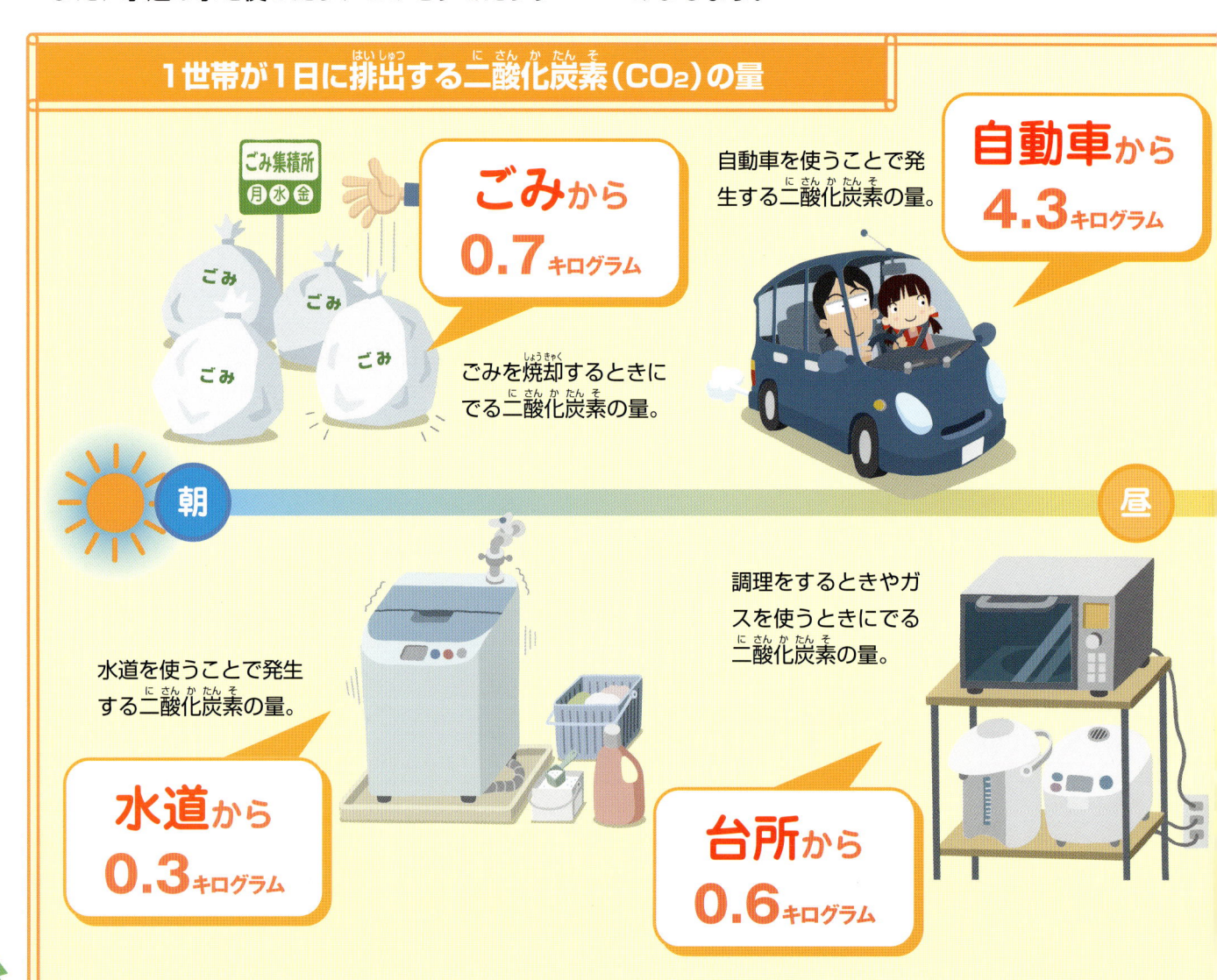

1世帯が1日に排出する二酸化炭素（CO_2）の量

- ごみから 0.7 キログラム　ごみを焼却するときにでる二酸化炭素の量。
- 自動車から 4.3 キログラム　自動車を使うことで発生する二酸化炭素の量。
- 水道から 0.3 キログラム　水道を使うことで発生する二酸化炭素の量。
- 台所から 0.6 キログラム　調理をするときやガスを使うときにでる二酸化炭素の量。

世界各国の二酸化炭素排出量

世界全体の二酸化炭素の排出量は、毎年ふえつづけ、2005年には271億トンにもなりました。このうちの約半分を、アメリカ、中国、ロシア、日本の4か国がしめています。

二酸化炭素排出量を1人あたりでみた場合は、1位アメリカ、2位オーストラリア、3位カナダで、日本は8位となっています。

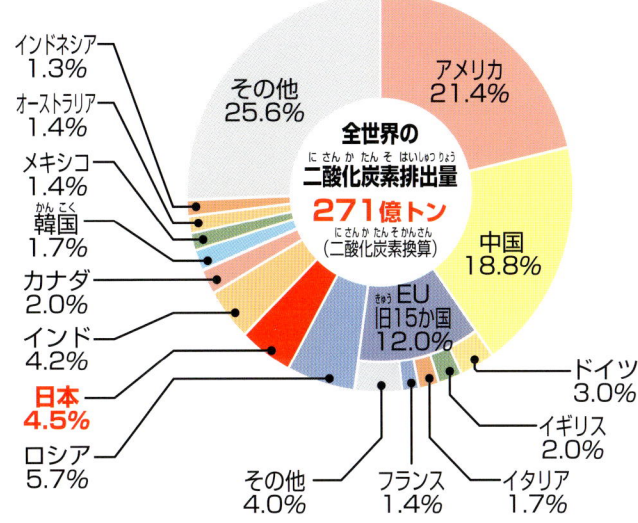

「STOP THE 温暖化2008」（環境省）より

1世帯からでる二酸化炭素の量

1日では………約 14 キログラム
1年では…約 5200 キログラム

生活するだけでも、たくさんのCO_2をだしているんだね！

冷暖房から
夏は 0.3 キログラム
冬は 1.7 キログラム

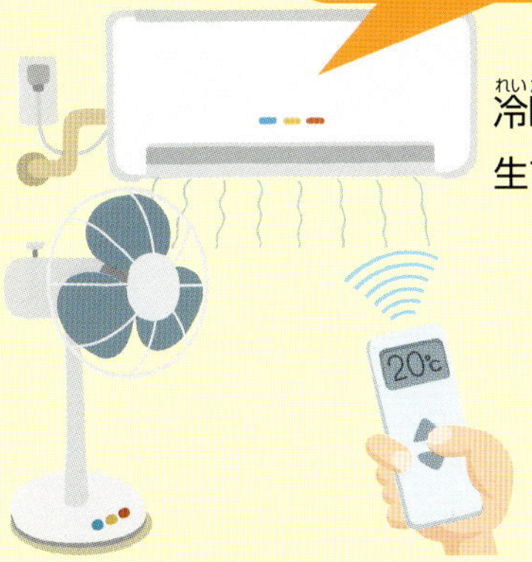

冷暖房を使うことで発生する二酸化炭素の量。

照明や家電製品を使うことで発生する二酸化炭素の量。

照明、家電から 4.3 キログラム

給湯から 2.0 キログラム

給湯で発生する二酸化炭素の量。

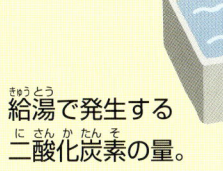

「家庭からの二酸化炭素排出量（世帯あたり／用途別内訳／2006年）」（全国地球温暖化防止センター、温室効果ガスインベントリオフィス）をもとに作成

熱中症から身をまもろう！

　温暖化による気候の変化で、夏のあいだ、極端に気温の高い日が連続することがあります。1日の最高気温が30℃以上の真夏日がつづくと、なかには熱中症にかかってしまう人もでてきます。熱中症の症状や予防法について、知っておきましょう。

熱中症とは、どんな病気？

　運動をすると、体温が上がって汗をかきます。人の体は、汗をかくことにより熱を外ににがして、体温調節をおこなっています。

　しかし、気温と湿度が高く、風が弱くて、日ざしが強い日などに、はげしい運動をしたり、水分をじゅうぶんにとっていないときなどには、熱をうまくにがすことができません。

　そうなると熱が体内にこもり、熱中症にかかってしまうことがあります。症状が重い場合には死亡することもあります。

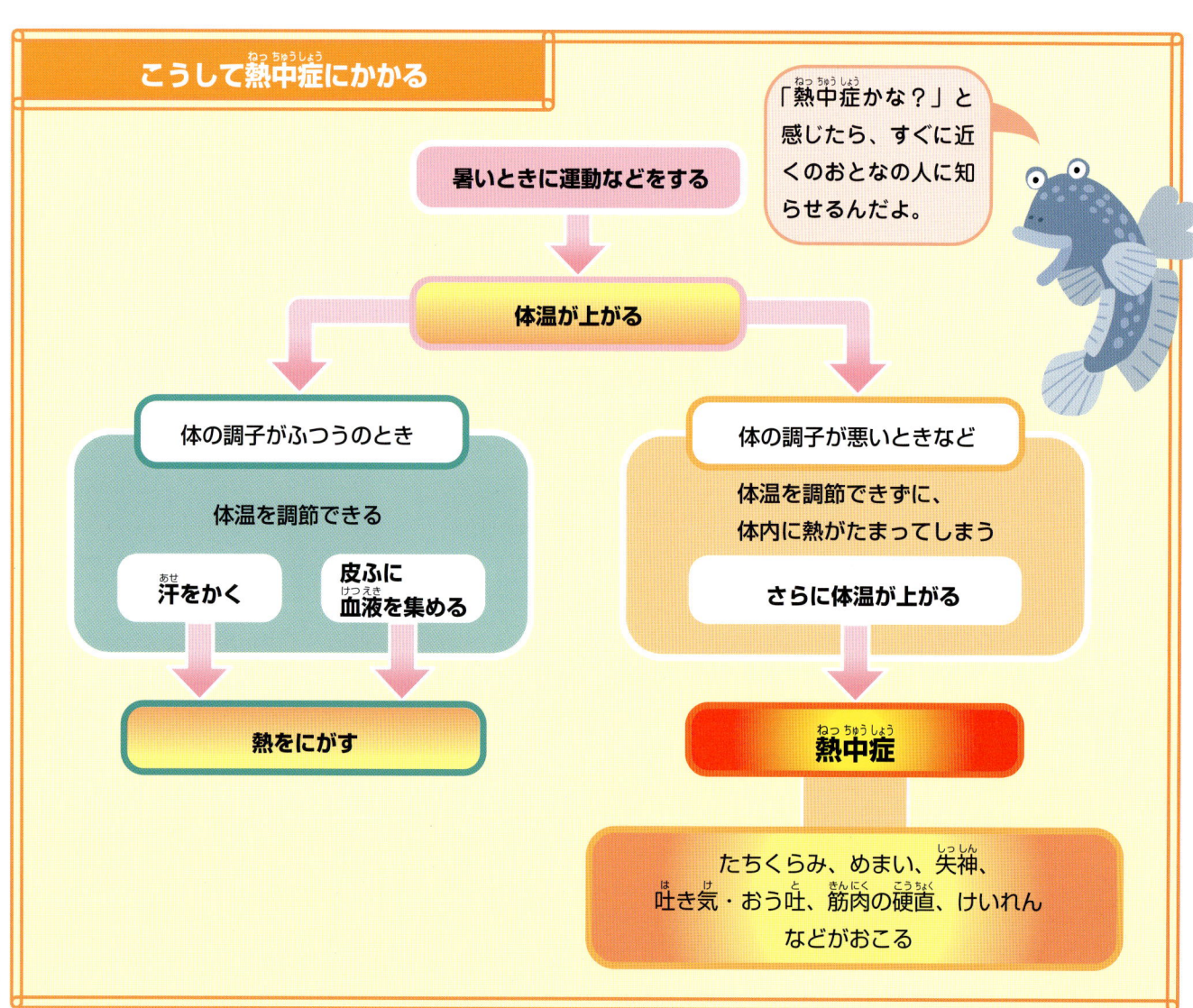

こうして熱中症にかかる

「熱中症かな？」と感じたら、すぐに近くのおとなの人に知らせるんだよ。

熱中症から身をまもる方法

熱中症は、高齢者や肥満の人、ふだん運動をしていない人などがかかりやすいとされています。また、健康な人でも、体調の悪いときなどには注意が必要です。

夏の暑い日がつづくようなときは、熱中症から身をまもるために、右のようなことに気をつけましょう。

熱中症の予防法

- 暑い日には、日かげを選んで歩き、日傘や帽子で頭をまもる。
- 太陽の光を吸収しやすい黒色はさけ、汗をすいとる素材の服を着る。
- こまめに水分と塩分を補給する。
- 睡眠をじゅうぶんにとり、朝食をしっかり食べる。

熱中症のうたがいがある人にであったら

学校や町で、自分やまわりの人が暑さでたおれたり、具合が悪くなってしまったときは、まず、先生や近くのおとなの人に知らせましょう。

熱中症にかかったら、体温をできるだけはやく下げることが重要となります。

風通しのよい日かげか、できれば冷房がきいている室内に避難する。

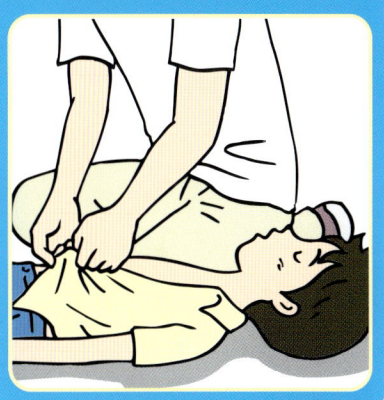
衣服をぬがせ、体からの熱の放散を助ける。

皮ふに水をかけたり、うちわであおぐなどして、体を冷やす。

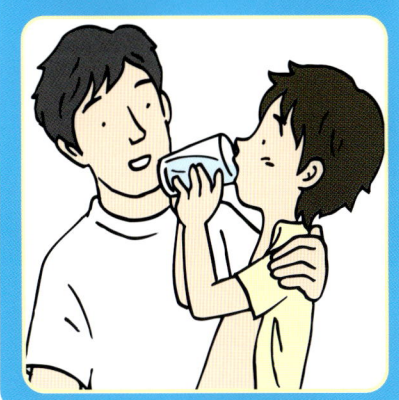
スポーツドリンクや食塩水をあたえる。

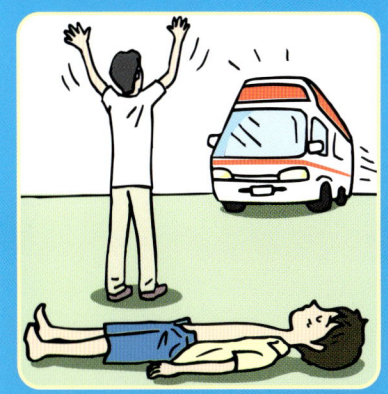
症状が重い場合には、すぐに救急車をよぶ。

「熱中症環境保健マニュアル 2008」（環境省）より

2章 地球温暖化をふせぐために

温暖化をふせぐための世界の取り組み

温室効果ガスがふえて、地球の大気の温度は上昇しています。温暖化をふせぐために、世界各国は、どんな取り組みをおこなってきたのでしょうか。また、国境をこえた取り組みには、どんなものがあるのでしょうか。

温暖化を調べるための国際機関

世界じゅうでおこっている異常気象と地球温暖化がどのように関係しているのか、正確なことは、まだわかっていません。

これを解明するために、世界気象機関（WMO）、と国連環境計画（UNEP）により、1988年に「気候変動に関する政府間パネル（IPCC）」という国際機関が設置され、科学的な研究がおこなわれるようになりました。

IPCCは、国際的な専門家や科学者たちが、世界じゅうから集めた気候変動に関する情報を整理して、各国の政府に助言をしたり、今後の対策について検討したりすることなどを目的としています。温暖化の原因を調べるために、IPCCは大きな役割を果たしているのです。

世界各国の協力

温暖化の原因とその影響は地球全体におよんでいるため、世界の国ぐにが協力しあって解決していく必要があります。

そこで1992年に、180か国以上が参加する地球サミットが開かれ、「気候変動枠組条約」という国際条約が結ばれました。この条約は、温室効果ガスを大量にへらすことを目的としたもので、そのなかで「先進国による温室効果ガスの排出量を1990年の水準にもどす」という目標がかかげられました。

この会議は、気候変動枠組条約締約国会議または温暖化防止会議（COP）とよばれ、会議の翌年から締結国のどこかで、毎年、開催されるようになりました。

北海道洞爺湖サミット

2008年のサミット（主要国会議）は、日本が議長国となり、7月に北海道の洞爺湖で開催されました。

日本、アメリカ、イギリス、フランス、ドイツ、イタリア、カナダ、ロシアの8か国の首脳が集まったこのサミットでは、温室効果ガスをへらすための今後の取り組みや、世界の貧困問題への対策などが話しあわれました。

美しい洞爺湖の水面。安全でしずかな開催場所として、洞爺湖が選ばれた。

 IPCC…人の活動と地球温暖化問題の関係をひろく知らしめた功績から、2007年にノーベル平和賞を受賞した。

温室効果ガスの削減にむけた京都議定書

1997年に京都で「第3回気候変動枠組条約締約国会議」が開かれました。この会議のなかで採択された文書は、場所の名をとって「京都議定書」とよばれています。

京都議定書では、2008～2012年のあいだに、先進国全体の温室効果ガスを1990年に発生したガスの量とくらべて、少なくとも5％へらすことを目標にしています。そして、国別に具体的な削減目標の数値を決め、世界が協力して、目標を達成していくことが定められました。開催国の日本は、6％削減することを約束しています。

これに締結した国は多く、180以上の国と1つの地域（EU）となっています。しかし、大きな問題も残されています。それは、数値目標の設定を先進国のみとしていることです。また、二酸化炭素の排出量が世界でもっとも多いアメリカは、議定書から離脱しています。2番めに多い中国は発展途上国とされ、1人あたりの排出量も少なく、削減の義務はありません。

京都で開催された第3回気候変動枠組条約締約国会議。
写真：気候ネットワーク

「京都メカニズム」の3つのしくみ

「京都メカニズム」とは、京都議定書で定められた、温室効果ガス削減の目標を達成するために利用できるしくみのことです。

削減する量の目標が決められている先進国と、目標が決められていない発展途上国との協力のしかたや、活動の内容によって、つぎの3つの制度にわかれています。

共同実施	クリーン開発メカニズム	排出量取引
先進国どうし（日本とドイツなど）が、共同で温室効果ガス削減につながる取り組みをおこないます。その結果、生まれた排出削減量または吸収増大量を、関係した国でわけあう制度。	先進国が発展途上国に技術や資金を提供して、温室効果ガス削減につながる取り組みの手助けをします。その結果、生まれた排出削減量または吸収増大量を、先進国が利用できる制度。	削減目標達成のために、先進国のあいだで、排出割当量の一部を売ったり買ったりすることができる制度。

 排出割当量…京都議定書で定められているもので、排出してもいいことになっている温室効果ガスの量のこと。

2章 地球温暖化をふせぐために

京都議定書の目標達成へむけた日本の取り組み

日本は、2008～2012年のあいだに、温室効果ガスの排出量を、1990年当時よりも6％削減することを京都議定書によって国際社会に約束しています。その目標達成にむけて、1998年、「地球温暖化防止対策推進法」が定められ、国や地方自治体、企業などが、それぞれ、どんなことに取りくんでいけばよいのかが決められました。

しかし、排出量はへるどころか、ぎゃくに年ねんふえていったため、京都議定書の目標を達成できないおそれがでてきました。

そこで日本の政府は、法律の改正をおこなったり、都道府県に「地球温暖化防止活動推進センター」を設置させたりするなど、いろいろな取り組みをおこなっています。

さらに、2005年から「チーム・マイナス6％」という運動を展開し、2010年からは「チャレンジ25キャンペーン」がおこなわれています。

世界各国の削減目標値と温室効果ガスの排出状況（2006年）

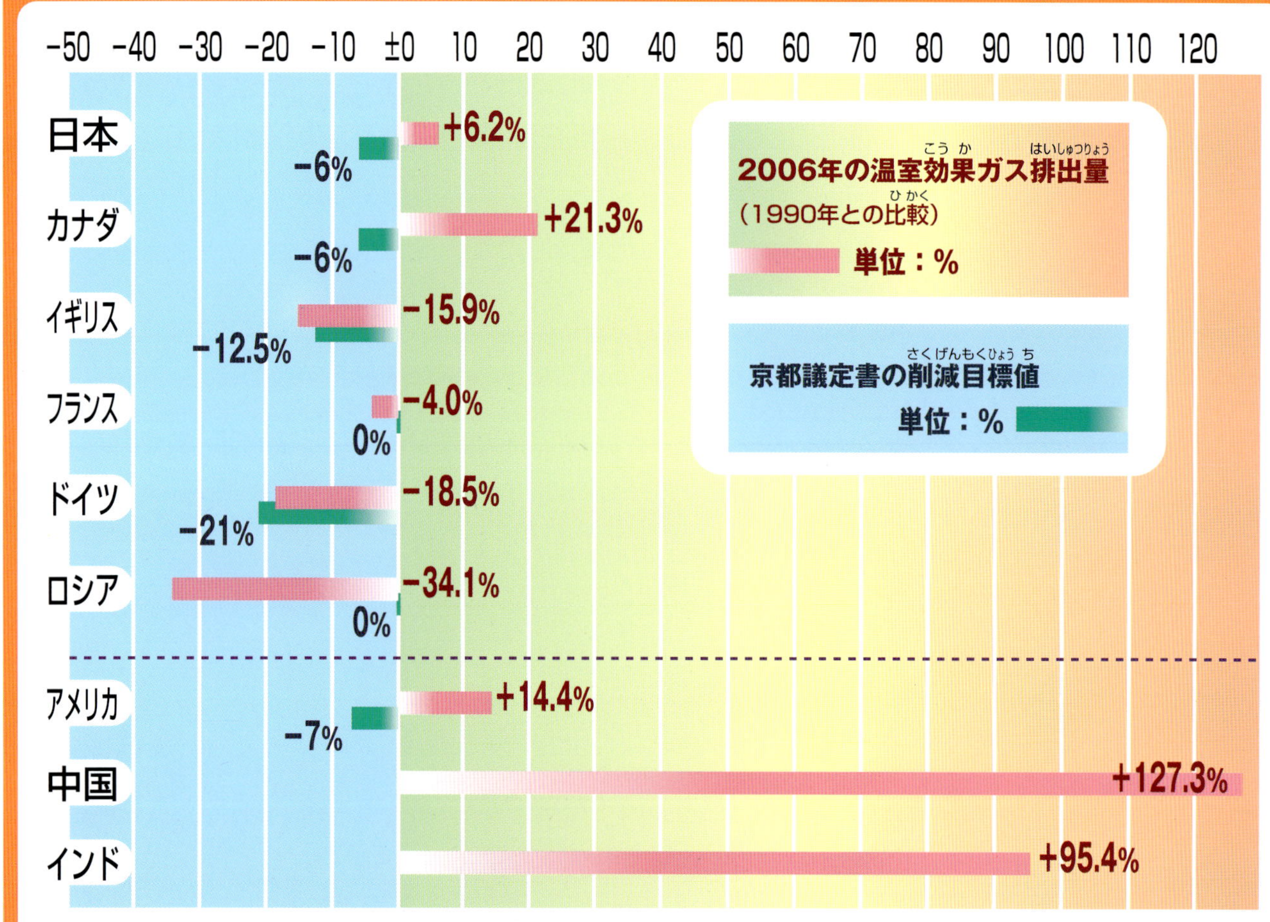

国	2006年の温室効果ガス排出量（1990年との比較）	京都議定書の削減目標値
日本	+6.2%	-6%
カナダ	+21.3%	-6%
イギリス	-15.9%	-12.5%
フランス	-4.0%	0%
ドイツ	-18.5%	-21%
ロシア	-34.1%	0%
アメリカ	+14.4%	-7%
中国	+127.3%	—
インド	+95.4%	—

※イギリス、ドイツ、フランスはEUにおける排出割当量の再配分後の数値です。
※アメリカは削減目標値に同意していません。
※中国、インドには削減義務がありません。数値は2005年の参考値です（エネルギー起源による二酸化炭素のみ）。

「STOP THE 温暖化2008」（環境省）より

削減目標の達成へ！チャレンジ25キャンペーン

　日本は2012年までに、温室効果ガス排出量を1990年にくらべて6％削減することを、世界に約束しました。その後、2020年までに、温室効果ガス排出量を1990年にくらべて25％削減することも発表しました。

　そのための国民的プロジェクトが「チャレンジ25キャンペーン」です。

　チャレンジ25キャンペーンでは、排出量削減のために、つぎのような6つのチャレンジを提案しています。

　毎日のちょっとした気づかいが積みかさなれば、大きな効果につながります。自分ができることを行動にうつし、身近なところから取りくみましょう。

 エコな生活スタイルを選択しよう

 ビル・住宅のエコ化を選択しよう

 省エネ製品を選択しよう

 CO_2削減につながる取り組みを応援しよう

 自然を利用したエネルギーを選択しよう

 地球で取りくむ温暖化防止活動に参加しよう

チャレンジ25キャンペーン
http://www.challenge25.go.jp/

温室効果ガス観測技術衛星「いぶき」(GOSAT)

　「いぶき」は、JAXA（宇宙航空研究開発機構）、国立環境研究所、環境省が共同で開発した人工衛星で、2009年1月に打ちあげられました。世界ではじめて、宇宙から地球全体の温室効果ガスを測定することができます。

　約100分で地球を1周しながら、温室効果ガスの濃度や分布を観測します。京都議定書で定められた排出量削減の目標達成に貢献するものとして期待されています。

（コンピュータグラフィックスによる想像図）

2章 地球温暖化をふせぐために

地球にやさしいエネルギー 太陽光・太陽熱

地球にやさしいエネルギーは、太陽の光や熱、地熱や風力など、自然の力を利用してつくられます。日本全体にしめるエネルギー量としては、まだわずかですが、新エネルギーとしてたいへん期待されています。

太陽の無限のエネルギー資源を利用

日本はエネルギー資源のとぼしい国ですが、太陽の光なら、一年じゅうふりそそぐので、石油や石炭のように資源がなくなることを心配する必要がありません。また、発電時に、二酸化炭素をださないので、地球温暖化の防止にも貢献できます。しかも、太陽光発電システムは、比較的せまい場所でも設置できるという利点があり、原子力発電のように、危険な放射性物質をあつかうこともなく安全です。

けれども、夜間には光が得られないこと、その日の天気によってエネルギーの量が左右されることなど、安定した電力をつくりにくい状況があります。また、ほかの電力にくらべて、発電費用が多くかかるといった問題もあります。

太陽光による発電（ソーラー発電）

太陽光発電（ソーラー発電）は、太陽電池（ソーラーパネル）という装置で、太陽の光を電気にかえる発電です。火力発電などでは、燃料を燃やしたときにでる熱で水蒸気を発生させ、その蒸気を使ってタービンをまわして発電させますが、太陽電池は、吸収した太陽の光を直接、電気にかえることができるのです。

太陽電池には、半導体 が組みこまれていて、太陽の光の強さや光のあたる角度などによって、発電する電力の大きさがかわってきます。日本は、はやくから太陽光発電の技術開発をすすめていて、世界有数の高い技術力をもっています。

屋上や壁面に太陽光発電システムを設置した沖縄県糸満市の庁舎。最大で約195キロワットの電気を発電できる。

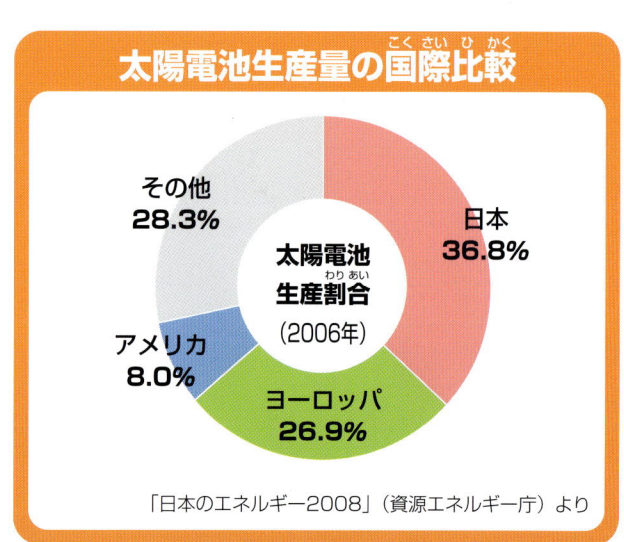

太陽電池生産量の国際比較

太陽電池生産割合（2006年）
- 日本 36.8%
- ヨーロッパ 26.9%
- アメリカ 8.0%
- その他 28.3%

「日本のエネルギー2008」（資源エネルギー庁）より

半導体…熱や光、磁場などの条件のちがいで、電気をとおしたり、とおさなかったりする物質。パソコンをはじめ、多くの電気製品に使われ、現代社会にはなくてはならないもの。

太陽熱による給湯・暖房

太陽熱をエネルギーとして利用したものには太陽熱温水器があります。太陽の熱で水をあたため、給湯や暖房に利用するというものです。

太陽熱温水器は、太陽の熱を集める集熱器の部分と、あたためたお湯をためる貯湯槽からできています。太陽の熱をかなり効率よく吸収できるので、省エネ対策に最適です。

小学校の屋上に設置された太陽熱利用システム。給食室の給湯などに利用されている（栃木県・野木小学校）。

太陽電池で動く身近なもの

太陽電池は、身のまわりのいたるところで活躍しています。小型のものや、室内のあかりでもじゅうぶん動かせるものなど、いろいろあります。

電卓：世界初の太陽電池式電卓。当時の価格は2万4800円。

道路標識：太陽電池を搭載した道路標識。外部から電気をとらずに、日没から日の出まで点灯する。

街路灯：上部に太陽電池が組みこまれた街路灯。電源が不要であるため、電気工事はいらない。

街路灯を上からみたところ。

太陽電池を楽しもう

太陽電池は、おもちゃ売り場などで手軽に入手できます。電球、モーター、ソーラーカーなどがセットになって販売されているものもあります。実験や工作などで使ってみましょう。

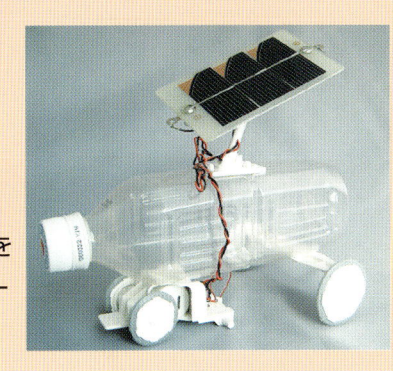

ペットボトルを利用したソーラーカー。

省エネ…省エネルギーの略。エネルギー資源の消費をできるだけおさえて、かしこく利用すること。

2章 地球温暖化をふせぐために

地球にやさしいエネルギー 地熱

日本は世界でも有数の火山国です。その火山の熱を利用した発電が地熱発電です。石油や石炭のかわりになるものとして、はやくから注目されていた発電方法ですが、環境にやさしいクリーンなエネルギーとして、あらためて期待されています。

天然の水蒸気を利用した発電

火山の近くでは、地下にマグマのたまり場があり、まわりの岩石を高熱で熱しています。その近くへ雨水がはいりこむと、高温・高圧の熱水や水蒸気となって、岩のすきまなどに大量にたまります。地表から熱水の位置まで穴をほりすすめると、たまった水蒸気を取りだすことができます。

地熱発電は、この天然の水蒸気を使ってタービンをまわし、電気をおこすものです。燃料を燃やさないので、発電の際に二酸化炭素はでません。

また、地熱によるエネルギーは、半永久的に得られるため、安定して利用できるという利点もあります。

> 地熱は、火山の多い日本ならではのエネルギー資源なんだよ！

地熱エネルギーの利用

地熱エネルギーは、発電のほかにも、さまざまな使い道があります。温泉、給湯、室内の暖房、地域の暖房、動物飼育施設の暖房、温水プール、温室栽培などの農業利用、工業での利用などに使われています。

> あたたかい温泉も、地熱エネルギーを利用しているんだね。

柳津西山地熱発電所（福島県柳津町）。

左のパイプには発電に使われる蒸気が流れ、中央のパイプには発電に使われたあとの熱水、右のパイプには冷却水が流れている。

地球にやさしいエネルギー バイオマス

生ごみや家畜のふん尿などの廃棄物が、いま、クリーンなエネルギー資源として、世界じゅうで注目されています。キーワードは「バイオマス」です。どのように環境にやさしいエネルギーなのでしょうか。

生物から得られるエネルギー資源

バイオマスとは、生物から得られるエネルギー資源のことをいいます。生ごみ、家畜のふん尿、わら、間伐材（樹木の成長をうながすためにきりおとした枝）、おがくずなど、これまでならすてていた廃棄物や、バイオエタノールの原料としても使われるトウモロコシなどがふくまれます。

これらのバイオマスは、電気や熱、燃料、肥料など、さまざまなものにかえられます。

バイオマスを利用するときにでる二酸化炭素は、もともとその生物が生きていたときに体に吸収していたもので、あらたに二酸化炭素をつくりだしたというわけではありません。その意味で、環境にやさしいエネルギーなのです。

山鹿市バイオマスセンター（熊本県山鹿市）。町内からでる生ごみや家畜の排泄物などを集め、発電をしたり、堆肥をつくったりする。

バイオマスエネルギーと食料問題

近年、トウモロコシなどを原料とするバイオエタノールが、ガソリンにかわる燃料として注目されています。ところが、バイオエタノールの原料としてトウモロコシがどんどん買われていくために、トウモロコシの値段が世界的に上昇し、それを食べている人たちの手にはいりにくくなっています。自動車の所有者が、まずしい人たちの食料をうばっているような状況になっているのです。

バイオマス…BIO（生物）とMASS（量）からつくられたことばで、生物から生まれた有機性の資源のこと。動植物の死がいが長い時間をかけて変化した化石燃料（石油・石炭など）は、バイオマスにはふくまれない。

②章 地球温暖化をふせぐために

地球にやさしいエネルギー 風力

　風の力で風車をまわして発電するのが風力発電。太陽の光を利用する太陽光発電とならぶ代表的な新エネルギーです。天気まかせと思われがちな発電方法ですが、発電した電力を電池にためるしくみもあり、これからが注目されています。

町で運営されている風力発電所「苫前夕陽ヶ丘風力発電所・風来坊」（北海道苫前町）。

昼も夜も利用できる風力

　風力発電の利点は、太陽光発電とはちがって、昼でも夜でも発電できるという点です。

　ただし、風力発電にむいている安定した風がふく場所はかぎられています。ヨーロッパ各国にくらべて、日本に風力発電施設が少ないのは、安定した風がふいている場所が少ないためです。

　しかし、風車の羽根の大きさや形を改良したり、発電した電気をためる蓄電というしくみなどによって、発電効率を高めるくふうがなされています。

日本には、たくさんの風力発電機があるよ。さらにふえていくことが予想されているんだ。

タワーの内部は空洞になっていて、備えつけのはしごを使って上部までのぼることができる。

実証試験をおこなうためにつくられた風車。写真の下のほうにうつっている人とくらべると、風車の大きさがわかる。

地球にやさしいエネルギー 雪・氷、振動

ほかにも注目されているクリーンなエネルギーがあります。日本ではさまざまな研究がされていますが、雪国で積もった雪や氷を利用する方法と、橋をわたる自動車の振動を利用する方法をみてみましょう。

雪国の雪や氷を利用して都会を冷房

氷を使ってビルの冷房をおこなう実験。冬に製氷した北海道の氷を都会へはこび、ビルの冷房に役立てようとするもの。

雪や氷を夏に利用しようというこころみは、古くは江戸時代からおこなわれていました。「氷室」とよばれる倉庫に雪や氷を保存して、夏の時期に、野菜や魚の保存のために使っていたのです。この冷房方法なら電気を節約できます。

また、外にある雪や氷は冬が終わればとけてしまいますが、それをたくわえておくことによって利用できます。すてずに利用する点でも環境にやさしいといえます。

車の振動で橋のイルミネーションに点灯

スピーカーやブザーなどは、電気をとおすと振動するセラミックなどの性質を利用して音を鳴らします。この原理を応用すると、反対に、振動によって電気をつくりだすことができます。これが振動を利用した発電のしくみです。

まだ実験の段階ですが、自動車の走行や人の歩行により発生する振動を利用して発電しようというこころみがおこなわれています。

たとえば、高速道路の橋をわたる自動車の振動で発電し、橋のイルミネーションの電力として利用したり、駅を歩く人の振動で発電したりする実験などです。

高速道路の橋をわたる車の振動から電気を発生させて、イルミネーションに点灯する実験（首都高速道路五色桜大橋）。

原子力発電を知ろう！

電気は、くらしをささえるたいせつなエネルギーです。ところが、石炭や石油を使う発電方法では、二酸化炭素を大量に排出させてしまいます。二酸化炭素をださない原子力発電についてみてみましょう。

活躍する原子力発電

日本には、50基以上の原子力発電所が営業運転をしています（2007年現在）。この原子力発電による電力は、日本全体の発電量の約3分の1をしめています。

原子力発電は、燃料のウランが核分裂する際にでるばく大な熱のエネルギーで湯をわかして水蒸気をつくり、そのいきおいでタービンをまわして発電機を動かし、発電させます。燃料のウランは、ウラン鉱石からとれる放射性物質で、厳重な管理が必要となります。

原子炉格納容器の内部。重要な原子炉などの機器が設置されている（四国電力伊方発電所）。

原子力発電の利点

日本国内では、エネルギー資源である石油や石炭、ウランなどはほとんどとれません。とくに石油は、その多くを中東の地域から輸入しているため、変動する価格や不安定な政治など、つねに不安がつきまとっています。

それにくらべて、原子力発電に使うウランは、世界のさまざまな地域から輸入できるので、比較的安定して入手できます。また、原子力発電は発電時に二酸化炭素をださないので、地球温暖化防止の点ですぐれています。

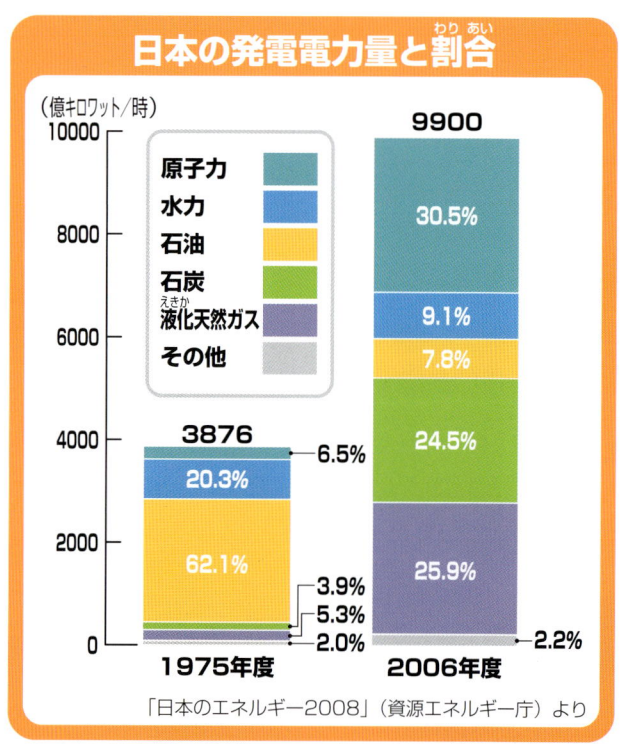

日本の発電電力量と割合

（億キロワット/時）

1975年度 3876
- 石油 62.1%
- 水力 20.3%
- 原子力 6.5%
- 石炭 5.3%
- 液化天然ガス 3.9%
- その他 2.0%

2006年度 9900
- 原子力 30.5%
- 液化天然ガス 25.9%
- 石炭 24.5%
- 水力 9.1%
- 石油 7.8%
- その他 2.2%

「日本のエネルギー2008」（資源エネルギー庁）より

核分裂…あらゆる物質は、非常に小さい原子という粒子からできている。この原子の中心となる原子核が分裂することを「核分裂」といい、そのときに発生するエネルギーを「核分裂エネルギー」という。

原子力エネルギーと環境問題

原子力発電は、発電時に二酸化炭素をだしませんが、大きな危険をともないます。

使いおわったウラン燃料はもちろん、運転などのときにでる放射性廃棄物も、人体に有害な放射線をだす危険な物質で、いずれも取りあつかいに特別な注意が必要です。人為的ミスや地震などによって、放射能がもれてしまわないように、じゅうぶんな安全対策がもとめられています。

使用ずみの核燃料が再処理される核燃料再処理工場（青森県六ヶ所村）。

核燃料サイクルで資源の節約

原子力発電で使いおわった燃料には、まだ、プルトニウムなどの有用な物質が残されています。

取りだしたプルトニウムをウランとまぜあわせて、また原子力発電所で再利用するという計画がすすめられています。これは「プルサーマル」とよばれ、ウラン資源の1〜2割を節約できます。同時に日本では、資源効率を飛躍的に高めるとされる高速増殖炉も開発中です。

このように、ウランを有効に利用していくことを核燃料サイクルとよびます。

危険な核のごみ

原子力発電で使いおわった燃料は、使用ずみ燃料として残ります。これを再処理し、プルトニウムを取りだすときに、非常に強い放射線をだす「高レベル放射性廃棄物」がでてきます。

この廃棄物を、高熱でとかした特殊ガラスといっしょに、ステンレス容器にいれます。そして、地下300m以上の深い安定した地層のなかにうめて処分する計画がすすめられています。

くらしのなかの放射線

自然環境のなかにある放射線には、いろいろな種類があり、私たちは放射線にかこまれてくらしているともいえます。

病院などでおこなわれるレントゲン撮影をはじめ、産業や医療に役立てられている放射線もあります。また、身近なところでは、蛍光灯のあかりなどにも放射線の性質が利用されています。

２章 地球温暖化をふせぐために

環境をまもる活動

地球温暖化や環境問題について考えたり、自然環境をまもる活動をする人たちがふえています。全国各地でおこなわれている取り組みをみて、私たちにはなにができるのか、あらためて考えてみましょう。

ひろがる活動の輪

地球温暖化は、世界の人びとが力をあわせなければふせぐことができません。そのためにも、まず、学校や地域の人たちが力をあわせることがだいじです。より多くの人が参加することで、自分の住んでいる町から自治体へ、日本全国へ、そして世界へと活動の輪がひろがり、環境をまもる大きな力となるのです。

屋上緑化で都会に緑を！

「屋上緑化」とは、ビルやマンションの屋上、ベランダで植物を栽培して緑を多くすることです。

屋上緑化をおこなうと、植物が葉から水分を蒸散することで、周辺の温度を下げる効果があるとされています。また、地域の景観づくりにも役立っています。

打ち水で都市を冷やそう！

むかしから日本には、道や庭に水をまく「打ち水」という習慣があります。この打ち水により、ヒートアイランド現象で気温が上昇している都市の気温を下げようという活動が全国でおこなわれています。打ち水には風呂の残り湯などの使用ずみの水を使います。打ち水をすると、周囲の気温が下がり、夏の暑さをやわらげます。

ビルの屋上で栽培されるサツマイモ（NTT都市開発・東京都港区）。

みんなでいっせいに、道路に水をまく「打ち水大作戦」のようす（2007年8月、東京タワーにて）。

電気を消してすごそう!

毎年、夏の夏至と冬の冬至の日の夜、みんなでいっせいに電気を消そうというイベント「100万人のキャンドルナイト」が全国各地でおこなわれています。

2時間のあいだ、照明のかわりにキャンドル（ろうそく）をともし、みんなで火をみつめながら、地球の環境保護や省エネ、平和について考えようというものです。

「100万人のキャンドルナイト」のイベントであかりを消した東京タワー（2008年の夏至）。左が消灯前、右が消灯後。

里地里山にふれあおう!

「おかざき自然体験の森」は愛知県岡崎市にある自然ゆたかな里山です。ここは、自然環境をまもりながら、自然を活用したさまざまな体験をとおして、環境教育をすすめることを目的としています。岡崎市が市民と協働で運営するもので、自然のなかで楽しみながら、自然の美しさや里山のたいせつさを実感できるようになっています。

里山での炭焼き。

竹林の整備。

エコプロダクツ展

地球環境にやさしい製品（エコプロダクツ）の普及と環境型社会の実現をめざして、1999年から開催されているイベントです。

企業や行政機関、環境保護団体、教育機関などが環境問題解決への取り組みや商品、実例を紹介しています。会場では、エコ活動を知るための体験ツアーなどがおこなわれています。

磁石を使ってスチール缶をみつける体験（エコプロダクツ2008・東京ビッグサイト）。

2章 地球温暖化をふせぐために

自転車を利用しよう！

　自転車は、二酸化炭素をださない、環境にやさしい乗り物です。茨城県つくば市では、自転車をもっと利用してもらおうと、筑波大学の学生、市役所や研究所の職員、市民ボランティアの人たちが協力して「つくば自転車マップ」を作成しました。

　実際に道路を走ってつくられた地図には、安全で走りやすい道路や、休けいをとれる場所など、利用者に役立つ情報がたくさんのっています。

実際に道路を走って体験した情報を地図にかきこんでいく。

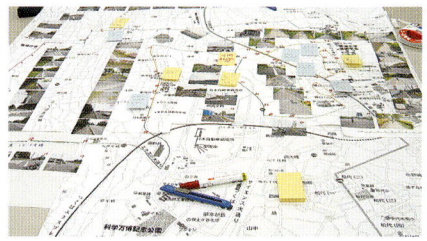

たくさんの情報がかきこまれた地図。

マイバッグを利用しよう！

　静岡県掛川市では、レジ袋の使用をへらし、地球温暖化防止と省エネをすすめようと、マイバッグ運動をすすめています。消費者とスーパーや商店、コンビニ、行政が一体となったレジ袋の有料化などの積極的な活動により、マイバッグ持参率が93％にもなっています。この運動が評価され、2008年には地球温暖化防止環境大臣表彰を受賞しました。

街じゅうでマイバッグ！「掛川市マイバッグ運動」。

地球温暖化を楽しく学べる「ストップおんだん館」

　東京タワーの近くにある「ストップおんだん館」は、地球温暖化についてのプログラムを体験しながら、楽しく学べる施設です。地球温暖化を止めるために、自分たちにできることを知りたくなったら、遊びに行ってみよう。

地球温暖化の防止について、係の人の説明を聞いたり、みんなといっしょに調べたりすることができる。

ストップおんだん館
http://www.jccca.org/ondankan/

二酸化炭素を打ちけす！カーボンオフセット

人間が生きていくためには、二酸化炭素などの温室効果ガスの排出をゼロにすることはできません。そこで、考えだされたのが「カーボンオフセット」です。

カーボンオフセットとは、植林や森林保護、クリーンなエネルギーの開発などの事業に投資することなどにより、排出してしまった二酸化炭素（カーボン）を打ちけして（オフセット）、うめあわせるしくみのことです。

日本では、まだあまり知られていませんが、ヨーロッパやアメリカなどでは、政府や民間企業でも、カーボンオフセットへの取り組みが活発におこなわれています。

カーボンオフセットのしくみ

個人 — 二酸化炭素の排出
食料品や日用品の購入、電気製品や車の使用など。

二酸化炭素削減の費用を商品の価格に上乗せして購入。

二酸化炭素をオフセット（打ちけす）

排出権証明書などの発行。

企業 — 二酸化炭素を削減、吸収する活動
植林やクリーンなエネルギーの開発、リサイクル事業など。

●**カーボンオフセットはがき**
定価55円のうち、5円が「クリーン開発メカニズム」を利用して、二酸化炭素削減のために役立てられています。

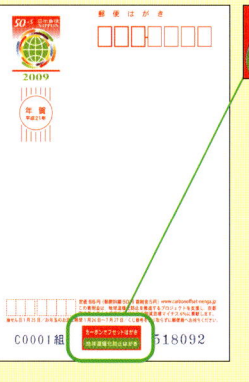

●**電車やバスから排出されるCO₂を打ちけそう**
小田急グループは、カーボンオフセット付ききっぷ「箱根旧街道・1号線きっぷ」を発売しています。この乗車券を利用して、鉄道やバスが排出すると想定される二酸化炭素（5.4キログラム/人）を打ちけすものです。乗車券の代金の一部が、自然エネルギー事業の支援などにあてられます。

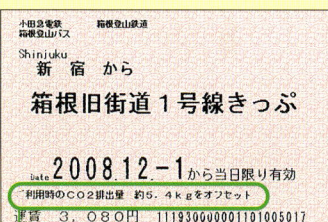

オフセットした二酸化炭素の量がきっぷに印刷されている。

雑誌や家具などにも、カーボンオフセットされたものがでてきているよ。カーボンオフセット商品はどんどんふえているんだ。

②章 地球温暖化をふせぐために

温暖化防止につながる低炭素社会

環境省では、温室効果ガスのうち、とくに二酸化炭素の少ない「低炭素社会」をめざすことが地球温暖化の防止につながるとしています。そのためには、国民のみんなが、これまでの生活をあらため、具体的な行動をおこす必要があります。

私たちにできること

いまの日本は「使いすて社会」だといわれています。つまり、大量のエネルギーを使って、大量に商品をつくり、大量にすてることをくり返しているのです。これをつづけていくと、水や大気などの地球環境は悪化し、資源やエネルギーはどんどんなくなっていきます。温暖化はさらにすすみ、その影響が地球上のさまざまなところであらわれるようになるでしょう。

温暖化を食いとめるには、森林が吸収する二酸化炭素と、人間の活動で排出される二酸化炭素の量とのバランスをとらなければなりません。そのためには、二酸化炭素の排出をおさえた「低炭素社会」が望まれています。地球規模の二酸化炭素の吸収・排出を私たち個人が操作できるものではありませんが、毎日のくらしや身近なものから少しずつ、役立つ行動をとることはできます。

これからは、「ごみをへらす（リデュース）」「再使用する（リユース）」「資源として再生利用する（リサイクル）」の3Rを第一に考えた生活スタイルにあらためていきましょう。そうすれば、資源もエネルギーもむだに使うこともなく、かぎりある資源を効率よく使うことができます。

これは地球の温暖化問題をはじめとする、すべての環境問題に対して有効な考え方であり、個人でも実行可能なやり方です。温暖化防止は私たち一人ひとりの行動にかかっているのです。

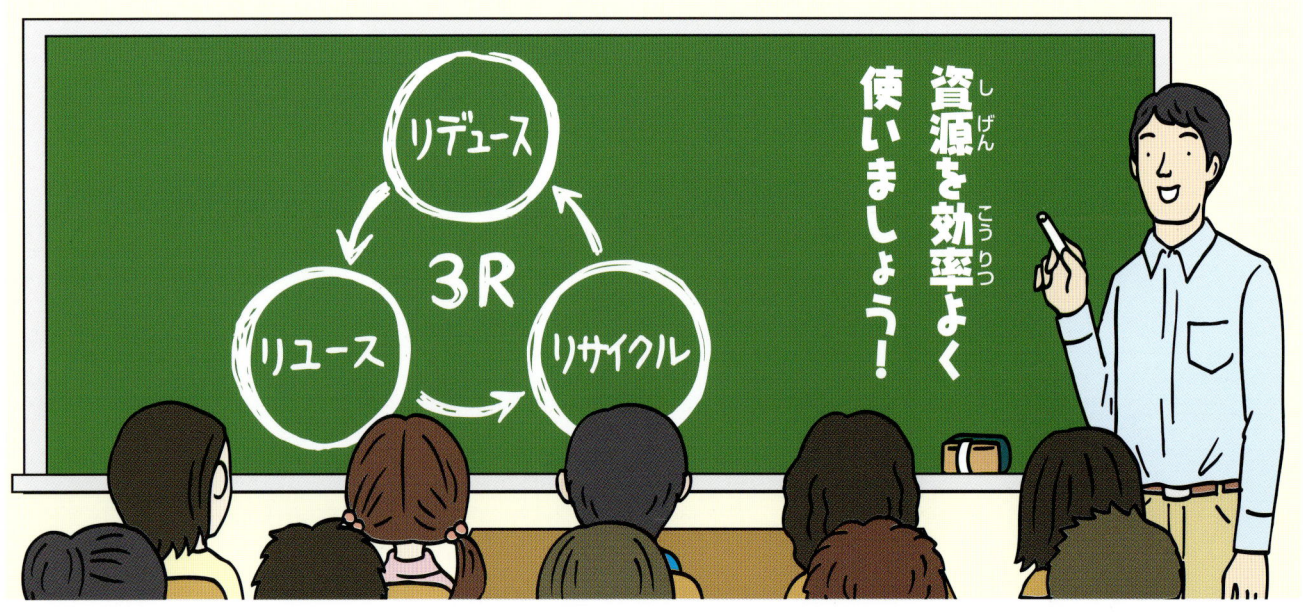

低炭素社会にむかってふみだそう

地球は、いま生きている私たちが死んだら終わりというものではありません。人間も動物も植物も、将来にわたりずっと、この地球で生命のいとなみを継続していく必要があります。

3Rのくらしをつづけるのは快適でないとか、めんどうだと考える人もいますが、地球の将来のことを考えると、地球環境は危機的な状況にあるといえます。二酸化炭素をできるだけださないような努力をして低炭素社会が実現できれば、温暖化は食いとめられ、世界各地でおこっている温暖化の影響はあまりみられなくなるでしょう。

一人ひとりのわずかな努力は、世界全体では大きな力となります。美しい地球の未来のために、低炭素社会にむけた一歩をふみだしましょう。

低炭素社会にむけた12の方策〈環境省による〉

1 自然にやさしい快適な住まいとくらし
太陽光や風などの自然の力を取りこみ、地域の環境にあった住まいにする。

2 「買う」から「かしこく借りる」へ
買わずに、必要なときにだけ借りることで、むだなくものを利用する。

3 地域のめぐみを旬に食べる
地域でとれた旬の食材はおいしいうえに、移動距離が短いため二酸化炭素排出量が少ない。

4 木のあるくらし
住宅や公共施設への木の活用をすすめて、木くずなどはエネルギーとして利用する。

5 企業による環境への配慮を知らせる
二酸化炭素排出量削減などの企業の努力を公表し、商品やサービス選択のめやすにする。

6 情報を共有したなめらかなものの流れ
コンピュータで情報を共有し、不必要な生産をおさえて流通の効率化をはかる。

7 歩いてくらせる街づくり
小さな街なら、子どもでもお年寄りでも安全で快適に移動できる。

8 低炭素でつくった電気の供給
再生可能エネルギーなど、二酸化炭素を削減する電力供給システムに期待する。

9 太陽と風力でエネルギーの地産地消
太陽や風の力を活用して生みだしたエネルギーは低炭素社会をささえる。

10 次世代エネルギーを安定供給
水素やバイオマスを利用したクリーンなエネルギーを安定供給できるようにする。

11 いつでもどこでも「みえる化」
住宅や会社、商品などに二酸化炭素メーターを取りつけて、つねに低炭素を意識させる。

12 低炭素社会を実現するための人の育成
環境の知識・技能をもつ専門家をそだてて、低炭素社会を実現させる。

 地産地消…地元で生産したものを地元で消費すること。

さくいん

あ

- アメダス……7
- 異常気象……12、15
- 異常高温……13
- 一酸化二窒素……9
- 打ち水……32
- ウラン……30、31
- 永久凍土……13、14
- エコプロダクツ展……33
- エルニーニョ現象……14
- 屋上緑化……32
- オゾン層……5
- 温室効果……8、9
- 温室効果ガス……8、9、20、21、22
- 温室効果ガス観測技術衛星「いぶき」……23
- 温暖化防止会議……20

か

- 海面上昇……12
- 核燃料サイクル……31
- 核分裂……30
- 化石燃料……8、9
- カーボンオフセット……35
- 感染症……15
- 干ばつ……13
- 気候変動に関する政府間パネル（IPCC）……20
- 気候変動枠組条約……20
- 気候変動枠組条約締約国会議……20、21
- 共同実施……21
- 京都議定書……9、21、22
- 京都メカニズム……21
- クリーン開発メカニズム……21、35
- 原子力発電……30、31
- 洪水……4、15

さ

- 最高気温……7、18
- 里地里山……33
- 砂漠化……13
- 産業革命……8
- 酸性雨……5
- 紫外線……5
- 集中豪雨……14
- 省エネ……25、34
- 食料不足……15
- 新エネルギー……24、28
- 森林火災……12
- 水蒸気……24、26、30
- 3R（スリーアール）……36、37
- 世界平均気温（世界平均地上気温）……6
- 絶滅……4、13、15
- 先進国……11、20、21

た

- 台風……4、12、15
- 台風の強大化……12

太陽光発電（ソーラー発電） ……………………… 24
太陽電池（ソーラーパネル） …………………… 24、25
太陽熱温水器 ……………………………………… 25
地球温暖化 ……………………………… 6、8、32、34
地球温暖化防止対策推進法 ……………………… 22
地球サミット ……………………………………… 20
地産地消 …………………………………………… 37
地熱発電 …………………………………………… 26
チャレンジ25キャンペーン …………………… 22、23
ツバル ……………………………………………… 12
低炭素社会 …………………………………… 36、37
低炭素社会にむけた12の方策 …………………… 37

な
夏日 ………………………………………………… 7
二酸化炭素 ……………… 8、9、10、11、16、17、35
二酸化炭素排出量 ………………………………… 17
熱中症 ………………………………… 13、15、18、19
熱波 ………………………………………… 4、7、13

は
バイオエタノール ………………………………… 27
バイオマス …………………………………… 27、37
バイオマスエネルギー …………………………… 27
排出削減量 ………………………………………… 21
排出量取引 ………………………………………… 21
ハイドロフルオロカーボン類 ……………………… 9
白化現象 …………………………………………14、15

発展途上国 …………………………………… 11、21
パーフルオロカーボン類 …………………………… 9
ハリケーン …………………………………… 4、12
ヒートアイランド現象 ………………………… 9、32
100万人のキャンドルナイト ……………………… 33
氷河の消滅 ………………………………………… 13
風力発電 …………………………………………… 28
プルトニウム ……………………………………… 31
フロン ……………………………………………… 5
放射性廃棄物 ……………………………………… 31
放射線 ……………………………………………… 31
北海道洞爺湖サミット …………………………… 20
北極海 ……………………………………………… 13

ま
マイバッグ ………………………………………… 34
真夏日 ………………………………………… 7、18
水不足 ………………………………………… 4、13、15
メタン ………………………………………… 8、9
猛暑日 ……………………………………………… 7

ら
リサイクル ………………………………………… 36
リデュース ………………………………………… 36
リユース …………………………………………… 36
六フッ化硫黄 ……………………………………… 9

39

監修

財団法人 環境情報普及センター

環境保全にかかわる情報の収集や知識の普及活動をおこなう公益法人。Webサイトの設計・構築、書籍出版、シンポジウムの企画運営など、環境情報にかかわるさまざまな活動をしている。また、環境教育・環境保全活動を促進するための環境情報・交流ネットワークである「EICネット」を提供している。
〈EICネット〉http://www.eic.or.jp/

文

松井京子

1957年生まれ。フリーライター。環境NPO「日本リサイクル運動市民の会」の活動を母体として生まれた有機・低農薬野菜宅配の先駆的企業「らでぃっしゅぼーや」発足当時より、会報誌などを手がける。「コロナブックス 開高健がいた。」「別冊太陽『花』假屋崎省吾の世界」（ともに平凡社）などの制作にかかわる。

竹内聖子

1974年生まれ。官公庁の広報制作・イベント企画会社、ベネッセ・コーポレーションでの勤務を経て、フリーライターとして活動。「久慈川わくわくイラストマップ＆ガイド」（国土交通省）、「川楽版」（河川情報センター／国土交通省）などの制作にかかわる。

編集・DTP　　ワン・ステップ
デザイン　　　VolumeZone
イラスト　　　川下隆、鈴木康代
図版作成　　　中原武士
協力・写真提供（順不同・敬称略）
　NASA、環境省、FoE Japan、酸性雨研究センター技術顧問・戸塚績、気象庁、NASA/GSFC、JAXA、国際サンゴ礁研究・モニタリングセンター、富士宮市商工観光課、気候ネットワーク、洞爺湖温泉協会、糸満市役所、シャープ株式会社、株式会社レコ、株式会社イーケイジャパン、積水樹脂株式会社、野木町立野木小学校、東北電力株式会社、山鹿市役所、三菱重工業株式会社、北海道開発局、首都高速道路株式会社、財団法人北海道環境財団、四国電力株式会社伊方発電所、日本原燃株式会社、打ち水大作戦本部、NTT都市開発株式会社、大地を守る会、岡崎市役所、掛川市役所、国土交通省国土技術政策総合研究所、ストップおんだん館

考えよう！地球環境　身近なことからエコ活動 1
ストップ！地球温暖化 私たちにできること

初版発行／2009年2月　　第7刷発行／2018年4月

監　修／財団法人 環境情報普及センター
　文　／松井京子・竹内聖子

発行所／株式会社 金の星社
　　　　〒111-0056　東京都台東区小島1-4-3
　　　　電話　（03）3861-1861（代表）
　　　　FAX　（03）3861-1507
　　　　振替　00100-0-64678
　　　　ホームページ　http://www.kinnohoshi.co.jp
印　刷／広研印刷株式会社
製　本／東京美術紙工
NDC519　40p.　29.3cm　ISBN978-4-323-05691-3

© K. Matsui, S. Takeuchi, T. Kawashita, Y. Suzuki & ONESTEP Inc. 2009
Published by KIN-NO-HOSHI SHA, Tokyo, Japan.

乱丁落丁本は、ご面倒ですが、小社販売部宛ご送付下さい。
送料小社負担にてお取替えいたします。

JCOPY　（社）出版者著作権管理機構 委託出版物
本書の無断複写は著作権法上での例外を除き禁じられています。複写される場合は、そのつど事前に（社）出版者著作権管理機構（電話 03-3513-6969 FAX 03-3513-6979 e-mail:info@jcopy.or.jp）の許諾を得てください。

※本書を代行業者等の第三者に依頼してスキャンやデジタル化することは、たとえ個人や家庭内での利用でも著作権違反です。

考えよう！地球環境【全5巻】
身近なことからエコ活動

地球をまもるために、私たちができることはなにかを考えさせるシリーズ。1～3巻では、地球でおこっている環境問題と、それを解決するための日本や世界の取り組みについて解説します。4・5巻では、学校でおこなわれている環境体験学習や、家庭で実践できるエコ活動を紹介します。環境学習に役立つだけでなく、毎日の生活のなかにも生かせる、地球にやさしいエコライフの知恵が満載です。

シリーズNDC：519（公害・環境工学）　　図書館用堅牢製本　　監修：財団法人 環境情報普及センター

1 ストップ！地球温暖化
私たちにできること
文：松井京子　竹内聖子

なにが地球におきているの？／地球温暖化って、なんだろう？／なぜ、地球は温暖化するの？／なぜ、地球の温暖化がすすむの？／温暖化によって、なにがおこっているの？／二酸化炭素の排出量って、どれくらい？／熱中症から身をまもろう！／温暖化をふせぐための世界の取り組み／地球にやさしいエネルギー／原子力発電を知ろう！／環境をまもる活動／温暖化防止につながる低炭素社会

2 ごみ問題・森林破壊
私たちにできること
文：永山多恵子

なにが地球におきているの？／ごみの増加が止まらない／いろいろなごみ／ごみをへらすために／ごみの少ない循環型社会／森林がへっている／森林をまもるために／砂漠化がすすんでいる／砂漠化をふせぐために／生物の種がへっている／生態系のしくみと役割／なぜ、生物の種がへっているの？／生態系をまもるために／自然・歴史・文化を知るエコツアー／私たちにできること